This Is Chemistry

这就是化学

SOLUTION 溶液 ④

米莱童书 著 / 绘

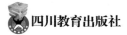

四川教育出版社

推荐序

　　非常高兴向各位家长和小朋友们推荐《这就是化学》科普丛书。这是一套有趣的化学漫画书，它不同于传统的化学教材，而是用孩子们乐于接受的漫画形式来普及化学知识。这套丛书通过生动的画面、有趣的故事，结合贴近日常生活的场景，深入浅出，寓教于乐，在轻松、愉悦的氛围中传授知识。这不仅能够帮助孩子初步认识化学，还能引导他们关注身边的化学现象，培养对化学的浓厚兴趣。

　　化学是一个美丽的学科。世界万物都是由化学元素组成的。化学有奇妙的反应，有惊人的力量，它看似平淡无奇，却在能源、材料、医药、信息、环境和生命科学等研究领域发挥着其他学科不可替代的作用。学习化学是一个神奇且充满乐趣的过程：你会发现这个世界每时每刻都在发生奇妙的化学变化，万事万物都离不开化学。世界上的各种变化不是杂乱无章的，而是有其内在的规律，都被各种化学反应式在背后"操控"。学习化学就像是"探案"，有实验室里见证奇迹的过程，也有对实验结果的演算分析。

　　化学所涉及的知识与我们的日常生活息息相关，化学变化和化学反应在我们的身边随处可见。在这套科普绘本里，作者用新颖的形式带领孩子探究隐藏在身边的"化学世界"：铁钉为什么会生锈？苹果是如何变成苹果醋的？蜡烛燃烧之后变成了什么？为什么洗洁精可以洗净油污？用什么东西可以除去水壶里的水垢？……这些探究真相的过程，可以培养孩子学习化学知识的兴趣，也是提高科学素养的过程。

　　愿孩子们能从这套书中收获化学知识，更能收获快乐！

中国科学院院士，高分子化学、物理化学专家

目 录

溶液是什么

大家好！我是溶液，我身体中的各部分都是一样的，你可以理解为我长得很**均匀**。

这就是溶液里面的样子。我们可以看到，溶液中有很多微粒。

厨房里的秘密

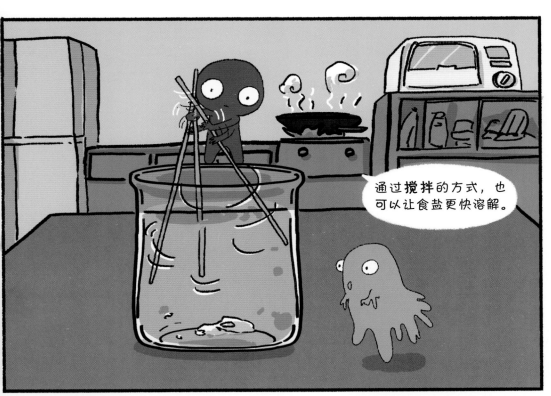

通过**搅拌**的方式，也可以让食盐更快溶解。

提前把食盐**研磨**成更细小的颗粒，也可以加速其溶解。

溶液大胃王

溶解性

神奇汽水

不止固体可以溶解在水中，一些**气体**也可以溶解在水中。

碳酸饮料就是将**二氧化碳**气体加入到调配好的糖浆中获得的。

让我们去饮料厂一探究竟吧！

这里就是稀释糖浆的地方。加水稀释过的糖浆顺着管道流向下一站。

二氧化碳会溶于水，同时与水发生反应，生成**碳酸**。

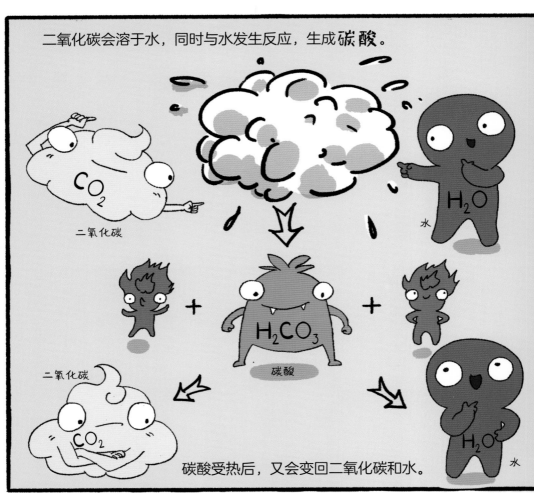

二氧化碳受热后，又会变回二氧化碳和水。

碳酸很不稳定，二氧化碳很容易从里面跑出来。不过饮料罐在高压、密封的状态下，二氧化碳会老老实实地待在里面。

气体的溶解度是指该气体在压强为 101 kPa 和一定温度时，在 1 体积水里溶解达到饱和状态时的气体体积。

我们自由了！

我们自由了！

二氧化碳大逃亡！

气体的溶解度受**压强**影响很大，压强增大时，1体积水中能够溶解的气体会增加；压强减小时，1体积水中能够溶解的气体会减少。

刚才我打开汽水罐的一瞬间，罐内的压强减小了，二氧化碳就跑出来了。

接下来让它给我们表演个绝活儿。

温度升高后，气体的溶解度会减小。我们喝完碳酸饮料会打嗝，就是因为饮料在肚子里温度升高，二氧化碳就跑出来啦！

嗝～

奇妙的结晶

结晶是溶质从溶液中析出的过程，当溶液中的溶质超过了溶液的溶解度，溶质就会以晶体的状态出现。

自然界中有很多美丽的晶体，人们自古就喜欢把珍贵、漂亮的晶体做成首饰。

不过我们也可以通过各种实验，
在实验室中造出晶体。

这些都是我们
的实验室可以
造出的晶体。

人造钻石

人造水晶

人造石英

人造刚玉

海水晒盐是通过**蒸发溶剂**的方法获得食盐晶体的过程。

海水可以看作是盐的水溶液。在阳光的照射下，海水中的水变成气体蒸发到了空气里，剩下的食盐就结晶出来了。

①收割甘蔗

②榨汁

③自然沉降去杂质

古代制糖是通过**冷却热饱和溶液**的方法获得蔗糖晶体的过程。甘蔗汁可以看作是糖的水溶液。加热甘蔗汁，得到糖的热饱和溶液，此时水中溶解的糖较多。降温后，水中能溶解的糖变少了，不能被溶解的糖就结晶出来了。

⑥冷却成型

⑤熬制

④添加石灰去杂质

糖

太冷了，我都消化不良了。

牛奶是溶液的"亲戚",它是最常见的乳浊液。你可以看到,比起溶液,乳浊液里面的粒子分布不是很均匀,并且不能透光。

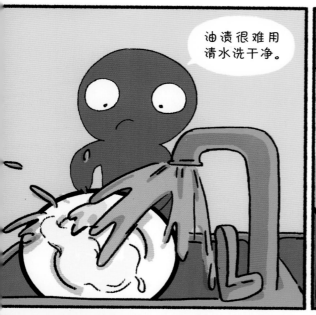

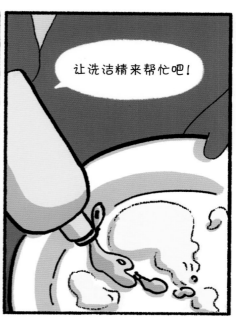

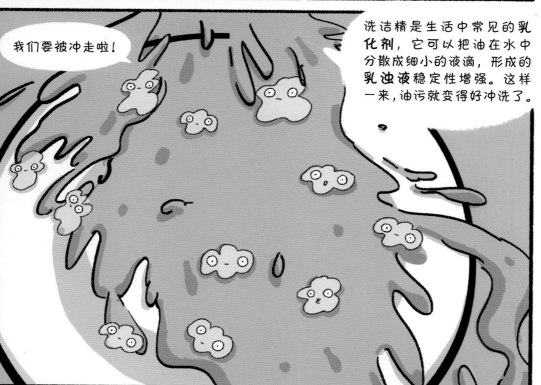

洗洁精是生活中常见的乳化剂，它可以把油在水中分散成细小的液滴，形成的乳浊液稳定性增强。这样一来，油污就变得好冲洗了。

美味饮料

让我们来配制一杯美味的饮料吧!

主料:

牛奶　200 毫升

辅料:

可可粉　4 克

配料:

白糖　4 克

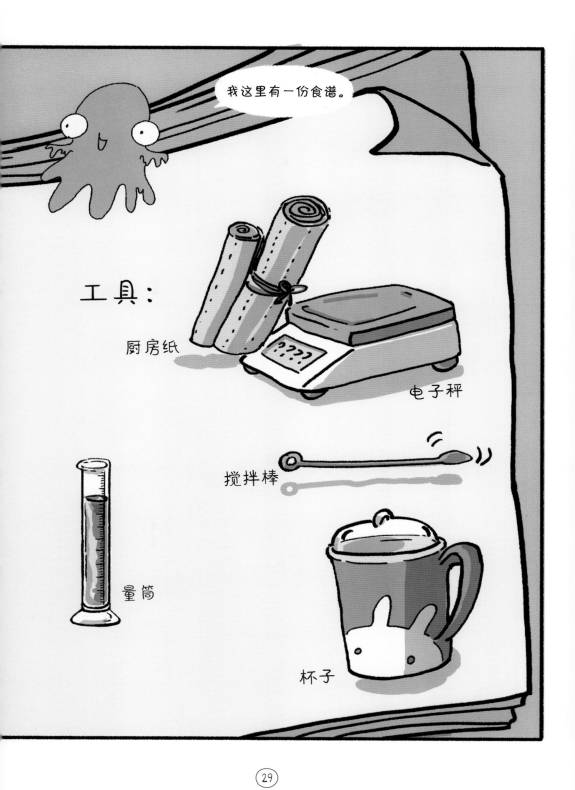

把牛奶倒入杯中。

把可可粉和白糖加入牛奶中。

持续搅拌，让它们加速溶解。

我们的美味饮料就这么制成了！

生活中常见的溶液

不同物质的溶解性

溶液的组成

饱和溶液与
不饱和溶液

水＋食盐　水＋油　水＋铁　水＋白糖

水中的易溶物和不溶物

制作美味饮料

水

白糖

结晶

碳酸饮料

糖浆

二氧化碳

你会使用图中的物品让**糖在水中更快溶解**吗?

问答收纳盒

什么是溶液?	溶液是一种或几种物质分散到另一种物质里形成的均一、稳定的混合物。
什么是溶质?	溶质是溶液中被溶解的物质。
什么是溶剂?	溶剂是能溶解其他物质的物质。
什么是溶解?	溶解是指溶质均匀地分散到溶剂中。
什么是饱和溶液和不饱和溶液?	在一定温度下,向一定量的溶剂里加入某种溶质,当溶质不能继续溶解时,所得到的溶液叫作这种溶质的饱和溶液;还能继续溶解的溶液,叫作这种溶质的不饱和溶液。
什么是溶解度?	固体的溶解度表示在一定温度下,某固态物质在 100 克溶剂中达到饱和状态时所溶解的质量。气体的溶解度是指该气体在压强为 101 kPa 和一定温度时,在 1 体积水里溶解达到饱和状态时的气体体积。
什么是结晶?	结晶是指溶质从溶液中析出的过程。制糖和制盐都有结晶的过程。
什么是乳浊液?	乳浊液是一种液体以小液滴的形式分散在另外一种液体之中形成的混合物。
什么是乳化剂?	能促使两种互不相溶的液体形成稳定乳浊液的物质叫乳化剂。

思考题答案

36 页　用筷子或勺搅拌,用锅加热,或用研磨工具提前将糖块研磨细。

37 页　糖和小苏打。

作 者 团 队

米莱童书

米莱童书是由国内多位资深童书编辑、插画家组成的原创
童书研发平台，2019"中国好书"大奖得主、桂冠童书得主、
中国出版"原动力"大奖得主。是中国新闻出版业科技与
标准重点实验室（跨领域综合方向）授牌中国青少年科普
内容研发与推广基地，曾多次获得省部级嘉奖和国家级动
漫产品大奖荣誉。团队致力于对传统童书阅读进行内容与
形式的升级迭代，开发一流原创童书作品，使其更加适应
当代中国家庭的阅读需求与学习需求。

专 家 团 队

李永舫　中国科学院院士，高分子化学、物理化学专家
　　　　作序推荐

张　维　中科院理化技术研究所研究员，抗菌材料检测中
　　　　心主任　审读推荐

亓玉田　北京市化学高级教师、省级优秀教师、北京市青
　　　　少年科技创新学院核心教师　知识脚本创作

创作组成员

特约策划：刘润东

统筹编辑：于雅致　陈一丁

绘画组：辛颖　孙振刚　鲁倩纯　徐烨　杨琪　霍霜霞

美术设计：刘雅宁　董倩倩

图书在版编目（CIP）数据

这就是化学. 4，溶液 / 米莱童书著绘. -- 成都：
四川教育出版社，2020.9（2021.12重印）
ISBN 978-7-5408-7397-4

Ⅰ. ①这… Ⅱ. ①米… Ⅲ. ①化学—儿童读物 Ⅳ.
① 06-49

中国版本图书馆CIP数据核字(2020)第141711号

这就是化学　溶液
ZHE JIUSHI HUAXUE RONGYE

米莱童书　著 / 绘

出 品 人　　雷　华
策 划 人　　何　杨
责任编辑　　吴贵启　林蓓蓓
封面设计　　刘　鹏
版式设计　　米莱童书
责任校对　　王　丹
责任印制　　高　怡
出版发行　　四川教育出版社
地　　址　　四川省成都市黄荆路 13 号
邮政编码　　610225
网　　址　　www.chuanjiaoshe.com
制　　作　　易书科技（北京）有限公司
印　　刷　　河北环京美印刷有限公司
版　　次　　2020 年 9 月第 1 版
印　　次　　2021 年 12 月第 11 次印刷
成品规格　　170mm×235mm
印　　张　　2.5
书　　号　　ISBN 978-7-5408-7397-4
定　　价　　200.00 元（全 8 册）

如发现质量问题，请与本社联系。总编室电话：（028）86259381
北京分社营销电话：（010）67692165　北京分社编辑中心电话：（010）67692156